U0133432

林业草原科普读本

中国草原

国家林业和草原局宣传中心
国家林业和草原局草原管理司 编

中国林业出版社
China Forestry Publishing House

图书在版编目（CIP）数据

中国草原 / 国家林业和草原局宣传中心，国家
林业和草原局草原管理司编. — 北京：中国林业出版
社，2020.11（2023.10重印）
（林业草原科普读本）
ISBN 978-7-5219-0902-9

Ⅰ.①中… Ⅱ.①国… Ⅲ.①草原—概况—中国
—普及读物 Ⅳ.① S812-49

中国版本图书馆 CIP 数据核字（2020）第 213612 号

责任编辑：何 蕊 许 凯 杨 洋
执　　笔：王 凯 李元恒 张立恒 袁丽莉
装帧设计：五色空间
中国草原
Zhongguo Caoyuan
────────────────────────

出版发行　中国林业出版社
　　　　　（100009，北京市西城区刘海胡同7号，电话：83143580）
电子邮箱：cfphzbs@163.com
网　　址：www.forestry.gov.cn/lycb.html
印　　刷：河北京平诚乾印刷有限公司
版　　次：2021 年3月第1版
印　　次：2023 年10月第2次印刷
开　　本：787mm×1092mm　1/32
印　　张：4.5
字　　数：82千字
定　　价：32.00元

中国是世界上生物多样性最丰富的国家之一，是世界上唯一具备几乎所有生态系统类型的国家。丰富的生物多样性不仅是大自然留给中国的宝贵财富，也是大自然留给全世界人民的共同财富。

党的十九大之后，中国特色社会主义新时代树立起了生态文明建设的里程碑，把"美丽中国"从单纯对自然环境的关注，提升到人类命运共同体理念的高度，将建设生态文明提升为"千年大计"。"人与自然是生命共同体，人类必须尊重自然、顺应自然、保护自然""像对待生命一样对待生态环境""生态文明建设功在当代、利在千秋"等价值观引领思潮，构筑尊崇自然、绿色发展的生态体系逐渐成为了人们的共识。

十九届五中全会明确要坚持"绿水青山就是金山银山"理念，坚持尊重自然、顺应自然、保护自然，坚持节约优先、保护优先、自然恢复为主，守住自然生态安全边界。为了让更多人了解中国生态保护所做的努力，使生态保护、人与自然和谐共生的理念深入人心，国家林业和草原局宣传中心组织编写了"林业草原科普读本"，包括《中国国家公园》《中国草原》《中国自然保护地》等分册。

《中国草原》主要介绍了中国草原的定义、特点、分类、发展，并从自然资源、人文特色等多个角度介绍了中国 10 个具有代表性的草原的基本情况。在每一章节的结尾，以问答的形式对核心知识点进行了梳理与注释。

中国是世界上草原资源最为丰富的国家之一。由于草原所处的特殊地理位置，在我国粮食安全和生态安全中有不可替代的战略地位。希望通过这本书，大家可以开始了解并热爱中国草原。

编者

2021 年 3 月

目录 CONTENTS

第一章 带你认识草原

第二章　走进最美草原

▲ 乃林高勒草原风光

第一章
带你认识草原

　　"敕勒川，阴山下。天似穹庐，笼盖四野。天苍苍，野茫茫，风吹草低见牛羊。"这首诗歌描绘了一幅壮丽秀美的草原风光。从汉乐府的《敕勒川》，到白居易的《赋得古原草送别》，再到席慕蓉的《草原诗歌》，自古以来，文人墨客不吝笔墨地歌咏着草原的壮美。但景色的美丽只是它众多特点中的一个，关于中国的草原，我们还可以了解更多。

01 草原是什么

草原是陆地景观的底色，蓝天白云，绿海浩森，百草溢香，宛若仙境，芬芳甜美。

草原是万物生命的源泉，百鸟飞翔，牛羊欢歌，骏马奔腾，壮美画面，生机盎然。

草原是上苍赐予的天堂，风长地灵，天宝物华，香茶奶酒，皮毛珍物，活力无限。

草原是苍茫大地的守护神，防风固沙，涵养水源，储碳固氮，净化空气，力量无穷。

草原是我国重要的生态系统和自然资源，在维护国家生态安全、边疆稳定、民族团结和促进经济社会可持续发展、农牧民增收等方面具有基础性、战略性

作用。我国草原分布广泛，是陆地最大的生态系统和重要的绿色生态屏障。草原是牧区草牧业发展的重要生产资料，是各族群众繁衍生息的家园。

按照《中华人民共和国草原法》规定，草原包括天然草原和人工草地。天然草原包括草地、草山和草坡，人工草地包括改良草地和退耕还草地。

▲ 新疆巩乃斯

⚲ 草原雕

⚲ 狼

我国草原主要分布在青藏高原、北方干旱半干旱地区，自然环境十分严酷，草原生态系统一旦遭受破坏，恢复十分困难。西部 12 个省份草原面积约 3.31 亿公顷，约占全国草原面积的 84%，西藏、内蒙古、新疆、青海、四川、甘肃是我国传统的六大牧区。南方地区草原主要以草山、草坡为主，大多分布在山地和丘陵。

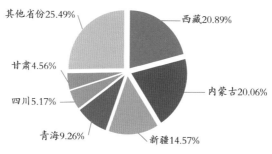

其他省份25.49%
西藏20.89%
甘肃4.56%
四川5.17%
青海9.26%
新疆14.57%
内蒙古20.06%

六大牧区草原面积占全国草原面积比例情况

一问一答

Q：我国草原科学的奠基人王栋是如何定义草原的？

A：他认为草原是"凡因风土等自然条件较为恶劣或其他缘故，在自然情况下，不宜耕种农作，不适宜生长树木，或树木稀疏而以生长草类为主，只适于经营畜牧的广大地区"。

▲ 甘肃省天祝藏族自治县人工草地

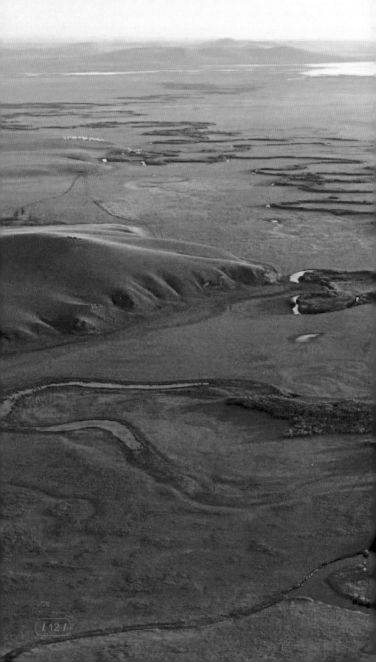

02 中国草原有什么特点

中国是一个草资源大国，草原类型丰富多样，是世界上草原资源最为丰富的国家之一。

● 辽阔广大。我国拥有各类草原近 4 亿公顷，位居世界第一，约占国土面积的 40%。从南到北跨越 5 个气候带，从东到西跨越 61 个经度，绵延万里，一岁一枯荣，生生不息。

● 类型多样。我国地域辽阔、气候类型复杂，形成了丰富多样的草原。不仅拥有热带、亚热带、暖温带、中温带和寒温带的草地植被，还拥有世界上独一无二的高寒草原类型——青藏高寒草原区。

● 植被丰富。我国草原植物资源非常丰富，包括 5 个门、246 个科、1545 个属、6700 余种。这些植

会泽大海

物资源构成了多彩缤纷的物种多样性和遗传多样性，是草原遗传基因库的核心。

● 中华水塔。我国草原是黄河、长江、澜沧江、怒江、雅鲁藏布江、辽河和黑龙江等江河的源头。黄河 80% 的水量，长江 30% 的水量，东北河流 50% 以上的水量直接源自草原，是中华大地的"水塔"。

● 民族风情。草原是中华文明的重要源头之一，孕育了历史悠久、丰富多彩的草原文化。草原文化是中华文化的重要组成部分，体现了人与自然和谐共生的思想，秉承了尊重自然、顺应自然、保护自然的理念。

一问一答

Q：什么是羊单位？

A：《天然草地合理载畜量的计算》（NY/T 635—2002）规定，1只体重50kg并哺半岁以内羊羔，日消耗1.8kg标准干草的成年母绵羊，或与此相当的其他家畜为一个标准羊单位，简称羊单位。

▲ 内蒙古草原

03　中国草原是如何分区分类的

在我国地图上，由东北自大兴安岭起往西南至青藏高原东麓划一条斜线，可将我国草原主体分布区分为东南和西北两大部分。

西北部包括东北三省西部、内蒙古、河北北部、陕西北部、宁夏、青海、甘肃、西藏、四川西北部和云南西北部，以高原和高山峻岭为主，深居内陆，气候干燥，草原分布广。我国草原的主体位于该区域，约占全国草原面积的75%。

东南部以丘陵和平原为主，临近海洋，气候湿润，该区域以灌木草丛等次生植被为主体，形成大

面积的草山草坡。南方亚热带和热带山地灌草丛植被分布尤为广泛，面积占全国草原面积的 17%，被称作南方草山。该区域的滨海滩涂盐生草甸面积较大，占全国草原面积的 3.3%，被称作滩涂草地。另外，地表径流汇集的低洼地、水泛地、河漫滩和湖泊周围有沼泽和低地草甸发育，零星分布。

我国草原跨越热带、亚热带、温带、高原寒带等多种自然带，形成了丰富多样的草原类型，可以分为 18 个草原类型。高寒草甸类面积最大，约6372 万公顷，占我国草原面积的 17%，主要分布在青藏高原地区。我们熟知的呼伦贝尔大草原位于内蒙古东部，属温性草甸草原类，锡林郭勒大草原位于内蒙古中部，属温性草原类。

我国 18 种草原类型

温性草甸草原类	温性草原类	温性荒漠草原类	温性草原化荒漠类	温性荒漠类
高寒草甸草原类	高寒草原类	高寒荒漠草原类	高寒荒漠类	高寒草甸类
暖性草丛类	暖性灌草丛类			
热性草丛类	热性灌草丛类			
干热稀树灌草丛类	低地草甸类	山地草甸类	沼泽类	

△ 额尔古纳湿地

△ 额尔古纳湿地马蹄岛

一问一答

Q：为了全面加强草原保护，创新草原利用方式，2020 年 8 月国家林业和草原局确定了39 处国家草原自然公园试点，你能说出几个试点名字吗？

A：内蒙古敕勒川国家草原自然公园、河北黄土湾国家草原自然公园、山西花坡国家草原自然公园、四川格市国家草原自然公园、西藏那孜国家草原自然公园、甘肃阿万仓国家草原自然公园、青海苏吉湾国家草原自然公园、黑龙江八五四农场国家草原自然公园等。

▲ 四川阿坝藏族羌族自治州红原瓦切国家草原自然公园

04　中国是怎样保护草原的

　　近年来，我国生态环境越来越好。沙尘暴、雾霾等出现频次明显下降。这与我国草原保护和建设所取得的成果密不可分。

　　● 有序推进依法治草。《草原法》是我国实施草原管理的根本性法律，共有九章七十五条，九章依次是总则、草原权属、规划、建设、利用、保护、监督检查、法律责任和附则。《最高人民法院关于审理破坏草原资源刑事案件应用法律若干问题的解释》的颁布实施，实现了《草原法》与《刑法》的有效衔接，是依法打击草原犯罪行为的法律武器。还有众多地方

性法规和规章，共同组成了草原保护的法律体系。

● 修复工程取得成效。长期以来，由于对草原重利用、轻保护，重索取、轻投入，超载过牧加上气候变化影响，90% 的草原出现不同程度的退化。通过退牧还草、退耕还林还草、京津风沙源治理等草原修复工程，有效遏制了草原退化的趋势。实施了两轮草原生态保护补助奖励政策，涵盖了 13 个省份的 657 个县（市、旗、团场），覆盖了全国 268 个牧区、半牧区县。多措并举，极大地恢复和提升草原生态生产功能，草原综合植被盖度逐年提升，达到 56.1%。

● 国家草原自然公园试点有序推进。国家草原自然公园是以国家公园为主体的自然保护地体系的重要

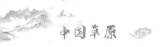
组成部分，具有生态旅游、科研监测、宣教展示、科学利用示范等功能。国家林业和草原局公布了内蒙古自治区敕勒川等 39 处全国首批国家草原自然公园试点建设名单，填补了草原自然公园的空白。

美丽草原，需要大家共同呵护。

 一问一答

Q：我国第一部《草原法》是什么时间颁布的？

 A：1985 年，我国颁布了第一部《草原法》，使草原保护建设利用步入法制化轨道，并逐步完善了各项草原保护制度。

第二章
走进最美草原

　　你知道"世界四大草原"指的是哪四个草原吗？你知道"中国四大草原"指的是哪四个草原吗？你知道"中国最美六大草原"是哪六个草原吗？不知道没关系，让我们一起走进这些美丽的草原去一探究竟，答案自然会揭晓。

01 呼伦贝尔草原

在全世界众多的草原中，有四片草原被称为"世界四大草原"——呼伦贝尔草原、巴音布鲁克草原、那拉提草原和潘帕斯草原。其中，除潘帕斯草原位于南美洲南部以外，其他三个大草原都在中国境内。走进最美草原的第一站，就是被誉为"北国碧玉"的呼伦贝尔草原。

呼伦贝尔草原位于我国内蒙古自治区东北部，地处大兴安岭以西的呼伦贝尔高原上，因呼伦湖、贝尔湖而得名。整体地势东高西低，海拔在 650~700 米，东西宽约 350 千米，南北长约 300 千米，总面积 1126.67 万公顷，其中可利用草场面积 833.33 万公顷。

○ 乌兰诺尔湿地

○ 呼伦贝尔草原

▲ 呼伦贝尔草原

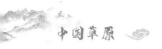

呼伦贝尔草原以牧草为主的植物多达1300余种，主要有贝加尔针茅、线叶菊、羊草、大油芒、地榆、脚苔草等，形成了不同特色的植被群落景观。地面拥有3000多条河流，500多个湖泊，栖息着400多种兽类和禽类。地下则蕴藏着40余种矿产。

呼伦贝尔草原是众多古代文明重要的发源地，是北方众多游牧民族的主要发祥地，匈奴、鲜卑、回纥、突厥、契丹、女真、蒙古等民族曾繁衍生息于

呼伦贝尔千条河流纵横交错，百个湖泊星罗棋布

⚫ 呼伦贝尔莫日格勒河畔

⚫ 呼伦贝尔草原的野生赤芍

此，被史学界誉为"中国北方游牧民族摇篮"，在世界史上占据较高地位。如今，依然有蒙古、达斡尔、鄂温克、鄂伦春等 35 个民族在这里和睦聚居，继承和保留着各自的文化遗风和生活习俗。

呼伦贝尔草原四季皆美——春天绿意萌发，充满生机；夏天碧草绿浪，湖水涟漪；秋天金色满目，色彩浓厚；冬天雪花飞舞，辽阔宁静。四季轮转，美不胜收。

▲ 呼伦贝尔草原湿地

一问一答

Q："世界四大草原"指的是哪四个草原?

A：中国的呼伦贝尔草原、巴音布鲁克草原、那拉提草原和南美洲的潘帕斯草原。

呼伦贝尔曲河印象

02 锡林郭勒草原

在上一节的内容中，提到了"世界四大草原"。那么，你知道"中国四大草原"有哪些吗？"中国四大草原"指的是呼伦贝尔草原、锡林郭勒草原、伊犁草原、那曲高寒草原。四大草原水草丰茂，牛羊成群，是我国重要的畜牧业基地。

锡林郭勒草原位于内蒙古自治区东中部，草原面积 17.96 万平方千米，优良牧草占草群的 50%，水草丰美，可谓是牛羊的天堂。草原地势由东南向西北方向倾斜，东南部多低山丘陵，盆地错落，西北部地形平坦，一些低山丘陵和熔岩台地零星分布其间；东

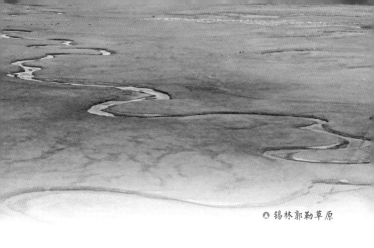

北部为乌珠穆沁盆地，河网密布，水源丰富；西南部为浑善达克沙地，由一系列垄岗沙带组成，多为固定和半固定沙丘。

锡林郭勒草原是我国草原类型比较复杂、保存较为完好、生物多样性丰富，在温带草原中具有代表性和典型性的草原，更是京津地区和我国北方地区重要

的生态屏障。锡林郭勒国家级草原自然保护区，是全国唯一被联合国教科文组织纳入国际生物圈监测体系的草原。

锡林郭勒草原的植被类型繁多，为发展畜牧业提供了良好的生态环境。目前已发现有种子植物74科、299属、658种，苔藓植物73种，大型真菌46种。其中药用植物426种，优良牧草116种。

锡林郭勒草原的野生动物种类也十分丰富，有黄羊、狼、狐等哺乳动物33种，鸟类76种。其中，

⬥ 锡林郭勒草原夕阳牧歌

中华秋沙鸭

大鸨

国家一级重点保护野生动物有丹顶鹤、白鹤、大鸨、玉带海雕等5种，国家二级重点保护野生动物有大天鹅、草原雕、黄羊等21种。

　　这里既有一望无际、空旷宁静的壮阔美，也有风吹草低见牛羊的动态美，更有蓝天白云、绿草如茵、牧人策马的人与自然相处的和谐美。而且，这里是距首都北京最近的草原牧区，交通十分方便，大家不妨亲自前往感受吧！

▲ 锡盟多伦

▲ 锡林郭勒草原

一问一答

Q："中国四大草原"指的是哪四个草原？

A：呼伦贝尔草原、锡林郭勒草原、伊犁草原、那曲高寒草原。

▲ 天鹅

03 那曲高寒草原

　　那曲地区位于西藏自治区北部，北与新疆维吾尔自治区和青海省交界，东邻昌都地区，南接拉萨、林芝、日喀则三地市，西与阿里地区相连。"那曲"在藏语里的意思为"黑河"。

　　那曲高寒草原，是中国四大草原之一。整个地区在唐古拉山脉、念青唐古拉山脉和冈底斯山脉怀抱之中，西边的达尔果雪山，东边的布吉雪山，形似两头猛狮，守护着这块宝地。整个地形呈西高东低倾斜，平均海拔在 4500 米以上。中西部地形辽阔平坦，多丘陵盆地，湖泊星罗棋布，河流纵横其间；东部属河谷地带，多高山峡谷，是藏北仅有的农作物产

区，并有少量的森林资源和灌木草场，其海拔高度在3500~4500米，气候好于中西部。

　　也许在人们的想象中，遥远的那曲高寒草原荒凉而神秘，但事实上，那里有着蔚蓝的天空，飞翔的雄鹰，碧蓝的湖水，缤纷的野花，奔跑的动物，美丽而又充满生机，仿佛独立于俗世之外的一片纯洁净土。在那曲地区境内的无人区，栖息着野牦牛、藏羚羊、

♠ 藏野驴

▲ 放牧的羊群

△ 花海

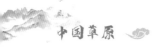

藏野驴等众多国家一级重点保护野生动物，自由而快乐。

除了美丽的自然风光外，那曲高寒草原还是青藏公路的必经之地，是西藏对外开放的旅游区之一。每年8月（藏历6月）举办的赛马节是藏北草原的盛会。届时，旅游观光的游客、四面八方的牧民、各地的商贩等云集此处。旅游者可以领略藏北草原的自然风光、节日气氛和民族风情，还可以参观游览藏北名寺孝登寺，更有灌肠、青稞酒、酥油茶、手抓肉、糌粑、奶茶、酸奶、风干肉等美食可以品尝。

🔺藏羚羊母子

△ 西藏那曲当惹雍错草原湿地

▲ 那曲高寒草原

一问一答

Q：那曲高寒草原的地势有哪些特点?

A：那曲高寒草原在唐古拉山脉、念青唐古拉山脉和冈底斯山脉怀抱之中，整个地形呈西高东低倾斜，平均海拔在4500米以上，中西部辽阔平坦，东部多高山峡谷。

04 祁连山草原

祁连山山脉的平均海拔为 4000~5000 米，高山积雪形成的绵延而宽阔的冰川地貌奇丽壮观。祁连山草原就位于青海、甘肃交界处的祁连山山脉，属于高海拔草原。草原、白云、牛羊群、雪山、牧民、炊烟、帐篷，共同构成了祁连山草原这幅美丽画卷。

祁连山草原的历史颇为有趣。清人梁份在《秦边纪略》中写道："其草之茂为塞外绝无，内地仅有。"虽然当时游牧人和农耕人正在争夺这一地区，但梁份已然把这片草原划归到了自己人的名下。藏族史诗《格萨尔》更是称赞这片草原是"黄金莲花草原"。特别是其中的大马营草原和夏日塔拉草原，更是草肥景美。

祁连山草原

大马营草原，在焉支山和祁连山之间的盆地中。每年 7~8 月，与草原相接的祁连山依旧银装素裹，而草原上却碧波万顷，马、牛、羊群点缀其中。这里地势平坦广阔，土肥草茂畜旺，是马匹繁衍、生长的理想场所，当今世界第二、亚洲第一马场——山丹军马场即设在此处。

夏日塔拉草原，东边是围绕焉支山的大马营滩。气候温暖，森林密布，山岗上长满了银白色的哈日嘎纳花，山下的川地草原一望无际。夏日塔拉东边肃南裕固族自治县的西嶂—东嶂草原，每当夏季开满了金色的哈日嘎纳花，整个草原一片金黄。

常年积雪地段的下部界线，称为雪线。在浅雪的山层之中，有状如蘑菇的雪山草甸植物蚕缀，还有珍贵的药材高山雪莲，以及一种生长在风蚀岩石下的雪

祁连山草原

祁连山草原

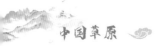

山草。蚕缀、雪莲、雪山草又合称为祁连山雪线上的"岁寒三友"。

来祁连山草原，可以欣赏到祁连山银装素裹、白雪皑皑，而草原上却碧波荡漾，马、牛、羊群点缀其中。这看似矛盾的景象，在这里却格外自然。微风吹来，会使人产生返璞归真、如入梦境的感觉，仿佛世外桃源。

🔺 祁连山草原

一问一答

Q：祁连山雪线上生长的"岁寒三友"是什么？

A：蚕缀、雪莲、雪山草，合称为祁连山雪线上的"岁寒三友"。

▲ 祁连山草原

05 那拉提草原

　　那拉提草原在新疆伊犁哈萨克自治州新源县那拉提镇东部，距新源县城约110千米，位于那拉提山北坡，是发育在第三纪古洪积层上的中山地草原。

　　那拉提草原是"世界四大草原"之一，属于亚高山草甸类型，自古以来就是著名的牧场。中生杂草与禾草构成的植株高达50~60厘米，覆盖度可达75%~90%。这里还生长着茂盛的细茎鸢尾群系山地草甸，其他伴生种类主要有糙苏、假龙胆、苔草、冰草、羊茅、草莓和百里香等。

　　说到那提拉草原名字的由来，还有一个有趣的小故事。相传成吉思汗西征时，有一支蒙古军队由天山深处向伊犁进发，时值春日，山中却是漫天风雪。饥

那拉提草原

饿和寒冷使这支军队疲乏不堪，没想到翻过山岭，眼前却是一片繁花似锦的莽莽草原。泉眼密布，流水淙淙，犹如进入了另一个世界。这时，云开日出，夕阳如血，人们不由地大叫"那拉提（有太阳）"。

那拉提风景区以独特的自然景观、悠久的历史文化和浓郁的民族风情构成了独具特色的边塞风光。自古以来，那拉提草原就有"哈萨克族的摇篮"之美誉。这里居住着能歌善舞的哈萨克族，至今仍保留着浓郁古朴的民俗风情和丰富的草原文化。哈萨克族的奶茶、酥油、奶酪、马奶酒、纳仁、熏肉、马肠子、手抓肉、烤全羊、羊肉串等美食，令人赞不绝口。只要你到草原来，好客的哈萨克人就会热情地把你请进毡房，喝上一碗马奶酒，弹起冬不拉，放声歌唱。

那拉提草原

▲ 那拉提草原

▲ 那拉提草原

◎ 那拉提草原

◎ 那拉提草原

△ 那拉提草原

△ 那拉提草原

▲ 那拉提草原

▲ 那拉提草原

一问一答

Q：生活在那提拉草原的最主要的少数民族是哪个？

A：哈萨克族，民族语言为哈萨克语。

那拉提草原

06　川西高寒草原

"跑马溜溜的山上，一朵溜溜的云哟。端端溜溜的照在，康定溜溜的城哟。"1946年，吴文季在任音乐文化教员的过程中，一个马夫哼唱的一首《溜溜调》旋律吸引了他，经他整理、改编，就有了大家都知道的《康定情歌》，歌中唱的就是川西高寒草原地区。

川西高寒草原位于四川甘孜藏族自治州中部，以理塘、甘孜、新龙、白玉、巴塘草原为核心，核心面积达7万平方千米，草地海拔3800~4500米，山原和丘状高原地貌发育充分，平坦宽阔。它包括了雅安

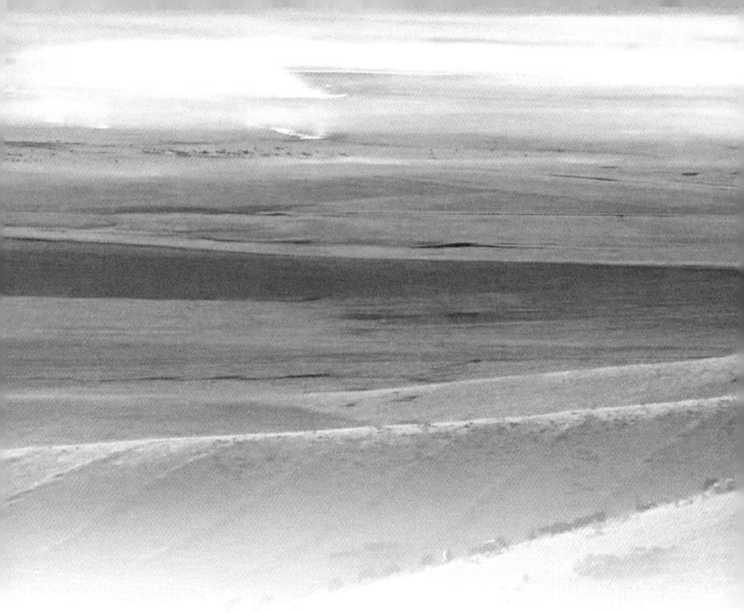

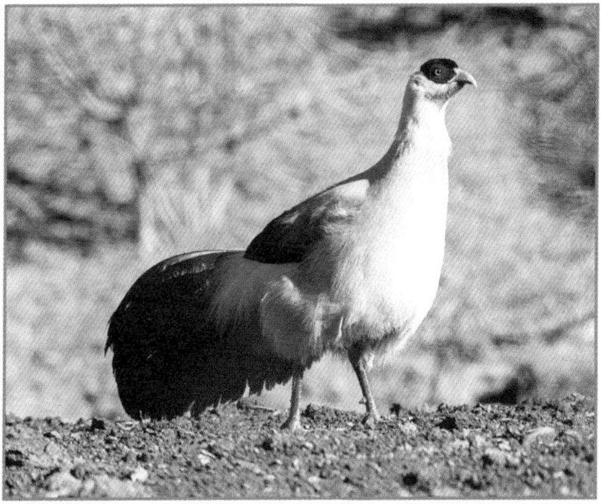

白马鸡

及西边的甘孜藏族自治州部分地区，是一条民族迁徙的走廊，是自古以来汉、藏、彝等民族交流通商的要道所在地，也是世人寻找的香格里拉核心区。

夏季受印度洋暖湿气流影响，水热条件好。阳坡和山原面为华丽的亚高山草甸和高寒草甸，其草地美感在青藏高寒草原中数一数二。川西高寒草原上群山争雄、江河奔流，长江的源头及主要支流在这里孕育古老与神秘的文明，大渡河、雅砻江和金沙江带着雪山草地的气息由北向南流淌。地理与气候原因促成了这一方土地独特的景观和复杂的高原气候，"一山有四季、十里不同天"是其真实写照。

川西高寒草原也是我国传统的草原牧区。这里的牦牛体形大、产奶多。草原上还盛产冬虫夏草、贝

🔺 牦牛选美

🔻 旱獭

母等珍贵药材和人参果。

此外，川西高寒草原独特的风土人情，也同样别具特色。川西高原的大部分居民是康巴藏族。藏族分为拉萨方言区、安多方言区和康方言区，甘孜藏族自治州大部分便属于康方言区，康方言区的人自称康巴。民间流传着一句著名的话："康巴人能走路就会跳舞，能说话就会唱歌。"来川西高寒草原，千万不要错过这载歌载舞的机会。

▲ 川西高寒草原

一问一答

Q：川西高寒草原的核心区域包括哪些地方？

A：包括理塘、甘孜、新龙、白玉、巴塘草原。

▲ 川西草原

07 乌蒙大草原

乌蒙大草原，也被当地人叫作"坡上草原"。位于贵州省盘州市坪地彝族乡和四格彝族乡境内，是西南地区海拔最高、面积最大的高原草场。草原属于乌蒙山国家地质公园的一部分，高原山地地貌，以玄武岩、岩溶地貌为主。最高海拔为 2857 米，年平均气温为 11.1℃，可谓是避暑的好去处。

值得一提的是，除了 10 万亩草场，乌蒙大草原

注：1 亩 ≈ 0.067 公顷。

▲ 黔州百里杜鹃国家森林公园

还有 4 万亩矮小杜鹃。春夏之交，矮小杜鹃竞相开放，漫天遍野都是绚烂的粉色，美丽壮观。置身于这片杜鹃花海，相信任何人都会瞬间忘却烦恼吧。

除了杜鹃花海，高山湖泊长海子也同样美不胜

▲ 高山湖泊

收。连绵起伏的草地，平缓低矮的小丘，在朗朗的阳光下，碧野万顷，牛羊出没，一望无垠，极为壮阔。其中的高山湖泊长海子，长2000米、宽300米，清澈见底，是贵州海拔最高的湖泊。

因为乌蒙大草原恰好位于两个彝族乡镇境内，所以这里保留着原始、淳朴的少数民族风情。在每年农历六月二十四的彝族火把节上，当地的少数民族同胞都会盛装来到草原，对唱山歌，跳起彝族的达体舞，共同庆祝他们的节日。

驻足乌蒙大草原，闭目感受草原四季变化的花落花开，放眼望去，波澜壮阔。恰逢起雾时刻，人在云上、云在脚下，白云随风卷起千层浪，仿佛走进人间仙境，心旷神怡。

一问一答

Q：西南地区海拔最高、面积最大的高原草场是哪个？

A：乌蒙大草原。

08 科尔沁草原

  科尔沁草原又被称为"科尔沁沙地",沿用古代蒙古族部落名称命名。在蒙古语中,"科尔沁"的意思是"弓箭手"。科尔沁草原西与锡林郭勒草原相接,北邻呼伦贝尔草原,地域辽阔,风景优美,资源丰富。

  科尔沁草原位于内蒙古自治区东部,包括松辽平原西北端兴安盟和通辽市的部分地方,地处西拉木伦河西岸和老哈河之间的三角地带,西高东低,绵亘400余千米,面积约4.23万平方千米,海拔250～650米。属内蒙古自治区赤峰市的翁牛特旗、敖汉旗与通辽市的开鲁县、科尔沁左翼后旗、奈曼旗、库伦旗辖区。

▲ 科尔沁草原

这里的气候冬季寒冷、夏季炎热，年均降水量360毫米，多集中在6~8月。冬季以西北风为主，春秋则为西南风，大风是沙地形成和发展的重要因素。

科尔沁草原有较大面积的天然牧场，盛产科尔沁红牛、兴安细毛羊和蒙古羊。并且，其水利资源非常丰富，有绰尔河、洮儿河、归流河、霍林河等240条大小河流和莫力庙、翰嘎利、察尔森等20多座大中型水库，淡水鱼的品质远近闻名。

古老的文化，原始的植被，不息的河流，这就是科尔沁草原。

▲ 科尔沁左翼后旗造林种草绿化

科尔沁草原

一问一答

Q：科尔沁草原与哪几个草原相邻？

A：科尔沁草原西与锡林郭勒草原相接，北邻呼伦贝尔草原。

▲ 中国：通过"一带一路""敖包相会""国际文化旅游节

09　坝上草原

　　坝上草原又称京北第一草原，位于河北省境内，特指由草原陡然升高而形成的地带，又因气候和植被的原因形成的草甸式草原。承德市以北 100 千米处，总面积约 350 平方千米，被称为坝上草原地区。对于生活在北京市及周边城市的人来说，最熟悉、最常去、最方便的草原，莫过于坝上草原了。丰宁坝上草原是距离北京最近的草原，有"北京后花园"之称。

　　坝上草原位于内蒙古高原与大兴安岭南麓的接壤地带，跨越承德市丰宁满族自治县、围场满族蒙古族自治县，张家口市张北县、尚义县、沽源县、崇礼

△ 坝上

△ 塞罕坝郁郁葱葱
的人工林

△ 塞罕坝

区、康保县。这里还有著名的塞罕坝——世界上面积最大的人工林。

这里平均海拔为 1500~2100 米，平均气温低，也是一个夏日避暑的好去处。置身于草清云淡、繁花遍野的茫茫碧野中，似有"天穹压落、云欲擦肩"之感。由于坝上地处要塞，夏季水草丰美，自古就是名人驻足的地方。早在辽代时，圣宗、兴宗、道宗皇帝就曾十几次到坝上游猎避暑。

▲ 塞罕坝夕阳下的湿地草原

▲ 沽源坝上草原

就旅游地域而言，坝上草原可以分为围场坝上、丰宁坝上、张北坝上和沽源坝上等区域，不同区域有不同的特色，吸引着不同游客的前往，也吸引了无数摄影爱好者前去。这里夏季无暑，舒适宜人，地势平缓，多为丘陵草原，是理想的绿色健康旅游休闲胜地。

丰宁坝上草原马最多，是马术爱好者的理想之地，一年一度的国际赛马节吸引众多的国内外骑士们。丰宁坝上草原景色迷人，也是著名的影视基地，国内很多影视作品都在丰宁坝上草原拍摄外景。

坝上草原是坝上高原的重要组成部分。这里洼水清澈，青草齐肩，黄羊成群，生态环境优良。环顾四野，在茂密的绿草甸子上，点缀着繁星般的野花。牛群、马群、羊群群栖觅食，放牧人粗犷的歌声和清脆

▲ 塞罕坝

的长鞭声，融合着悦耳动听的鸟声，更给美丽的草原增添了无限的生机。

▲ 塞罕坝

中国草原

一问一答

Q：在坝上草原中，距离北京最近和最远的分别是什么？

A：距离北京最近的是丰宁坝上，距离北京最远的是围场坝上。

塞罕坝的人工林

10 乌兰布统草原

　　乌兰布统草原位于内蒙古自治区赤峰市克什克腾旗西南部。东与红山子乡毗邻，南与河北省围场满族蒙古族自治县接壤，西、北与锡林郭勒盟多伦县和克什克腾旗浩来呼热乡交界，交通较为便利。这里曾是清朝皇家木兰围场区。"乌兰布统"为蒙语，意思为红色的坛形山，实指大、小红山，是木兰围场的一部分。

　　乌兰布统草原自然资源以草原、湖泊、沙地、湿地、林地为主，以林木花卉、野生动物为辅，这里是丘陵与平原交错地带，既有连绵起伏的山丘，又有开阔的平原。森林和草原的有机结合，兼具雄奇与秀美，既具有南方优雅秀丽的柔美，又具有北方粗犷雄

▲ 乌兰布统草原的秋天

⬤ 乌兰布统草原

浑的阳刚。

　　乌兰布统草原人文旅游资源以蒙古民族风情、古战场遗址遗迹、特色旅游商品为主，以蒙古文化、特色饮食等为辅，草原自身是开展文化旅游、民俗旅游、宗教旅游和产业观光旅游的载体。大家耳熟能详的古装电视剧《还珠格格》《康熙王朝》《汉武大帝》等，就是在乌兰布统草原取景的。

△乌兰布统草原

一问一答

Q：乌兰布统草原的名字有什么含义？

A："乌兰布统"为蒙语，意思为红色的坛形山，实指大、小红山，是市兰围场的一部分。

▲ 乌兰布统草原

图片拍摄：（按姓氏笔画排序）

王 龙	王 伟	王 俊	王占武
王金梅	邓 强	田海静	包布赫
朱德贵	刘永杰	刘会山	刘兆明
许 娜	许卫国	杨子建	李文彬
李恒宇	李燕涛	余昌军	张 玮
张力军	张正友	张兴智	张忠泽
张柏青	阿 涛	陈纬国	范明祥
罗 兵	和 平	孟令军	段生绍
敖 东	徐永春	唐 豆	彭仲恭

图片提供：国家林业和草原局宣传中心

国家林业和草原局草原管理司

中国绿色时报社